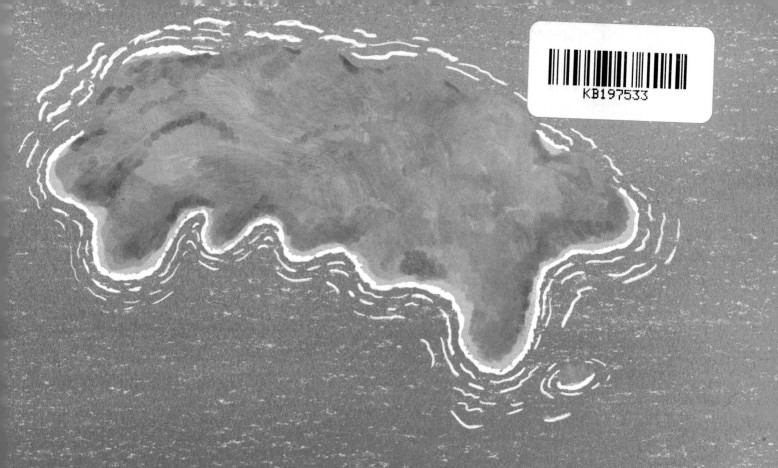

우리나라 황해에 섬이 많은 이유는

아주 먼 옛날 그곳이 육지였기 때문이란다.

예쁜 모래사장과 재미난 갯벌은 어떻게 생겨났을까?

바다가 들려주는 이야기에 귀 기울여 보자.

나의 첫 지리책 5

# 바다는
# 변신 중이야

◉ 다채로운 해변과 섬

최재희 글 | 박지윤 그림

휴먼 어린이

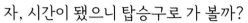

하하, 아빠의 배낭이 네 키만 하지?
오늘 밤은 텐트에서 잠을 자야 하니
준비할 게 많았단다.
자, 시간이 됐으니 탑승구로 가 볼까?

네! 방금 멀미약도 먹었어요.
배를 타고 갈 거니까요. 신난다!
그런데 아빠, 짐이 엄청 많네요?

구조끼는 의자 래에 있습니다

P

아빠! 굴업도는 어떤 곳이에요?
섬에 도착하면 재미있는 이야기를
들려주신다고 했지만,
궁금해서 못 참겠어요!

금 연

하하, 아빠가 너무 뜸을 들였구나.
굴업도는 실은 네가 태어나기 전,
엄마와 함께 여러 번 찾았던 곳이란다.
굴업도는 한 번 가면 꼭 다시 찾게 되는
다양한 매력을 가진 섬이지.

그럼 우리 갑판으로 나가
바닷바람을 쐬어 볼까?
아빠가 네게 들려주고 싶은 이야기는
거기에서 시작하면 좋을 것 같구나.

비행기가 이륙한 저 섬의 이름은 영종도란다.

우리나라에서 가장 큰 공항인 **인천 국제공항**이 있는 곳!

국제공항에서는 여러 나라를 오가는 비행기가 뜨고 내린단다.


우리는 오늘 인천항 국제 여객 터미널에서 이 배를 탔지?

그러고 보니 인천이라는 큰 도시에는

국제공항과 국제항구가 모두 있구나!

지금부터 인천 앞바다를 조금 더 자세히 알아볼까?

영흥도

인천 앞바다에는 섬이 정말 많단다.
지금 이 주변만 둘러봐도 알겠지?
이제 막 우리 뒤로 멀어지는 섬이 무의도,
배가 나아가는 방향에서 왼쪽에 있는 섬이 영흥도,
저기 우리 앞에 마주 선 섬이 자월도란다.

무의도

자월도

섬을 하나하나 세는 것도 쉽지 않을 거야.
실은 아빠도 큰 섬만 몇 개 알아보지,
그 주변으로 옹기종기 모여 있는 작은 섬은
이름조차 알지 못한단다.
인천 앞바다에는 **왜 이렇게 섬이 많을까?**
궁금하지 않니?

이쯤 되니
몸이 근질근질한걸?
지리 선생님으로 변신,
뾰로롱!

정말 흥미롭게도 인천 앞바다는 아주 오래전에는 바다가 아니었단다.

얼마나 오래전이냐 하면

거대한 육지 동물인 **매머드**가 살던 시절이야.

지구에서 멸종한 동물 중에 널리 알려진 매머드에 대해

들어 본 적 있니?

네, 책에서 본 적 있어요!

온몸이 긴 털로 덮인 코끼리처럼 큰 동물이요!

매머드는 엄청 추운 곳에서 살았다고 했어요.

그래, 맞아. 매머드는 지구가 지금보다
훨씬 추웠을 때 살던 동물이란다.
그래서 북극과 가깝고 겨울이 길고 추운 러시아 시베리아 같은 지역에
멸종하기 직전까지 많은 매머드가 모여 살았지.

추락주의

매머드가 살던 곳이니, 그땐 인천 앞바다도 몹시 추웠겠지?

매섭게 추웠던 지구는 다양한 이유로

점차 따뜻해지기 시작했단다.

따뜻해지면 아무래도 꽁꽁 얼었던 곳이 녹겠지?

그래서 땅과 바다에 있던 얼음덩어리인 빙하가 녹기 시작했단다.

빙하가 녹은 물은 자연스럽게 바다로 흘러들었고,

바닷물의 높이가 점점 높아지자 낮은 땅은 물에 잠겼지.

잠시, 여름철 계곡에 놀러 갔던 일을 떠올려 볼까?
아빠는 흘러가는 물을 가두기 위해 돌을 쌓았지.
네가 튜브를 타고 놀 수 있는
저수지 같은 공간을 만들려고 말이야.
그랬더니 계곡물의 높이가 점점 올라갔지?

계곡물의 높이가 올라가자
큰 돌은 여전히 물 위로 모습을 드러냈지만,
작은 바위는 물에 완전히 잠겼었지.

이와 비슷한 과정으로 육지였던 곳이 바다가 되어
인천 앞바다, 나아가 우리나라의 **황해**가 만들어졌단다.

기억나요! 제 무릎 높이였던 물이 나중에는 배꼽 높이까지 차올랐어요.
그러고 보니 큰 돌만 물 위로 삐죽삐죽 올라와 있던 게
마치 바다 위에 둥둥 떠 있는 섬 같았어요.

맞아! 그렇게 높이가 낮았던 땅은 바다가 되었고,
반대로 높았던 곳이 바로 우리 주변으로 펼쳐진
수많은 섬이 된 거란다!

저기 덕적도가 보이는구나.

이만 내릴 준비를 하러 선실로 내려가자.

덕적도에서 배를 갈아타면

곧 굴업도에 도착할 거란다.

지오야, 저기 저 섬을 한번 볼래?

마치 사람이 엎드려서 일하고 있는 것처럼 보이지?

그런 모양을 한자어로 바꾸면 '굴업'이 된단다.

옛사람들은 장소에 이름을 붙일 때

일상생활에서 쉽게 떠올릴 수 있는 것을

사용하곤 했단다.

아하! 이야기를 듣고 보니

사람이 엎드린 모습처럼 보이는 것 같기도 해요.

그러니까 굴업도라는 이름은

보이는 대로 지은 이름이네요!

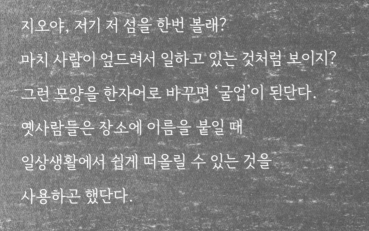

개머리 언덕

그래, 저 멀리 보이는 언덕은
마치 개의 머리처럼 생겼다고 해서
'개머리 언덕'이라고 불린단다.
개머리 언덕이 오늘 우리가 야영할 장소야.

이야, 드디어 도착했다!

아빠, 굴업도는 정말 조용하고 사람이 거의 없네요.

마치 무인도에 온 것 같아요!

그래, 바로 알아챘구나! 굴업도에 사는 주민은 약 30명 정도란다.

이렇게 넓은 섬에 적은 사람이 사니,

돌아다니면서 사람을 보기 쉽지 않을 거야.

아빠, 아직 멀었어요?
배낭을 멨더니 너무 힘들어요.

아이코, 이런!
네가 많이 힘들 거라 생각했단다.
아무래도 안 되겠다. 여기서 잠시 쉬어 가자.
배낭을 내려놓고 뒤를 돌아보렴.

우아! 우아!

힘들어서 앞만 보고 걸었는데,

제 뒤로 이렇게 멋진 풍경이 있을 줄이야!

넓은 모래사장, 파도,

저 멀리 섬들이 그림 같아요.


하하. 네가 좋아하니 다행이구나.

여기서 잠시 앉아 쉬었다 갈까?

지오야, 문득 눈앞에 펼쳐진 그림 같은 풍경에 숨은
바다의 비밀에 관해 이야기해 주고 싶은데 어떠니?
아름다운 해변이 탄생한 이야기 말이야.

들려주세요, 아빠! 보는 것도 충분히 좋지만,
그 속에 담긴 이야기를 알면 굴업도를 더 깊이 이해할 수 있잖아요.
'뭐든 알고 보면 달리 보인다!'
아빠가 늘 하시는 말씀이잖아요.

오호! 고맙구나. 그렇다면
아빠가 더욱 힘을 내서 설명해 볼게.

눈앞에 아름답게 펼쳐진
굴업도 해변은 대부분 **모래**로 이루어져 있어.
파도가 모래를 싣고 와 해변에 쌓아 놓았지.
하얀 물보라를 일으키며 해변으로 밀려드는 파도가 보이지?
파도는 바다의 물질을 요리조리 가지고 다니면서
해변으로 밀어 주는 역할을 한단다.

여기서 중요한 것은 물질이 쌓이는 곳이 정해져 있다는 거야.

눈앞의 모래사장은 저 멀리 반대편에 높게 솟은 언덕과

우리가 앉아 있는 언덕 사이에 쏙 들어와 있지.

바로 이러한 생김새가 중요하단다.

파도가 가져온 모래는 두 언덕의 사이,

바다에서부터 포근하게 안으로 들어온 지역에 잘 쌓이거든.

그래, 아주 멋진 말이네.

안으로 쏙 들어온 공간이라 파도의 힘이 약하고, 그래서 모래가 잘 배달되지!

그러고 보니 해변 모양이 마치 오목한 그릇 같기도 하구나.

파도가 운반한 모래로 빚은 그릇에 바다가 예쁘게 담겨 있는 것 같지?

아빠, 아까 봤던 곳과 똑 닮은 해변이 이곳에도 있어요!
우리가 서 있는 언덕과 저쪽 언덕 사이에
똑같이 모래사장이 있네요! 와, 신기하다!

그래, 엄마의 품처럼 포근히 감싸는 공간에
어김없이 모래가 쌓여 있지?
실은 굴업도뿐만 아니라 전국 어디를 가도
이렇게 생긴 공간에는 반드시 물질이 쌓여 있을 거야.

만약 모래보다 훨씬 작은 진흙이 많은 곳이라면?
그곳은 우리 가족이 해마다 조개를 캐러 가는
**갯벌**이 되어 있을 거야.


자, 마을을 지나 조금만 더 가면
오늘의 최종 목적지인 개머리 언덕이란다.

그래, 지오야.

정말 신기하게도 아까 본 해변과는 전혀 다른 모습이지?

이곳은 안으로 포근하게 바다를 감싼 곳과는 달리

바다를 향해 튀어나온 모습의 땅이란다.

이런 곳은 파도가 튀어나온 땅과 강하게 부딪히기 때문에

모래가 쌓이기보다는 **바위**가 깎이는 일이 많은 거야.

굴업도와 같은 작은 섬에서도

해변은 이처럼 전혀 다른 모습으로 나타난단다.

변신의 귀재, 카멜레온이 울고 갈 정도로 말이야.

네가 느낀 대로 굴업도는 바람이 아주 강해.

그래서 바람의 힘을 이용해 전기를 만드는

'풍력 발전 단지'를 만든다는 소식도 들려오더구나.

하지만 아빠는 풍력 발전 단지 이야기가 나올 때마다 마음이 편하지 않단다.

굴업도에 거대한 풍력 발전 단지가 들어서면

지금처럼 아름다운 풍경을 간직할 수 없을 테니까 말이야.

자, 이제 곧 해가 지겠구나.

잠시 밖으로 나가 볼까?

아빠, 하늘이 빨개졌어요.

해가 바닷속으로 쏙 들어가는 것만 같아요!


굴업도에 왔다면 절대 놓치지 않아야 할 것이

바로 아름다운 일몰이란다.

끝없이 펼쳐진 바다와 하늘 사이로 수평선이 정말 아름답지.

지오와 함께 보니 노을이 더욱 아름답게 느껴지는구나.

참, 곧 해가 지면 맑은 밤하늘을 수놓은 별도 볼 수 있을 거야.
그야말로 하늘에서 별이 쏟아지는 느낌이랄까?

우아! 기대가 하늘만큼 땅만큼 커지는걸요?
쏟아지는 많은 별,
모두 제 마음속에 차곡차곡 담을래요!
굴업도가 건강하기를 바라면서요!

# 아름다운 우리 바다 여행

**충청수영 해안경관 전망대**

부모님과 함께 충청남도 보령시에 있는

충청수영 해안경관 전망대에 방문해 보세요.

우리는 '충청 수영 해안 경관'이라는 이름에서 많은 걸 알 수 있습니다.

'충청'은 충청도에 있다는 것, '수영'은 조선 시대 수군이 주둔하던 곳을 가리키지요.

'해안 경관'은 황해안의 특징을 두루 살펴볼 수 있는 장소를 뜻합니다.

전망대에서 내려다보면 넓은 갯벌을 볼 수 있답니다.

## 남해도 보리암

남해안의 남해군은 섬이 아름답기로 유명합니다.

남해도는 본래 섬이었지만, 여러 곳에 다리가 놓이면서

배를 타지 않고도 얼마든지 드나들 수 있게 되었지요.

남해도에 가면 시간을 내어 꼭 보리암에 가 보세요.

보리암은 남해안의 대표적인 산인 금산 정상에 세워진 절입니다.

보리암에서 내려다보면 수많은 섬을 품고 있는

남해의 아름다움을 한껏 느낄 수 있답니다.

## 삼척 해상 케이블카

강원도 삼척에 가면 해상 케이블카를 탈 수 있습니다.

바다를 천천히 건너가는 케이블카에서는

아름다운 동해안의 모습을 둘러볼 수 있습니다.

하얀 모래사장과 그 사이를 감싸는 멋진 바위가 어우러진

동해를 내려다보면 마음이 탁 트일 거예요.

# 전기를 만드는 바다

부모님과 함께 시화 달전망대에 가 보세요.

자동차를 타고 곧고 길게 뻗은 시화 방조제를 지나다 보면

바다 한가운데 우뚝 솟은 달전망대를 찾을 수 있습니다.

전망대에 올라 주변을 둘러보면 전기를 만드는 바다를 만납니다.

바로 시화호 조력 발전소입니다.

시화호 조력 발전소는 우리나라에서 단 하나뿐인 조력 발전소이지요.

조력 발전소란 바닷물의 드나듦을 이용해 전기를 만드는 곳을 말합니다.

**시화 달전망대와 방조제**

황해안에 조력 발전소를 만들 수 있었던 까닭은
밀물과 썰물이 하루에 두 번씩 오가는 거대한 물의 흐름이 있기 때문이지요.
모든 바다는 밀물과 썰물이 있지만, 황해는 특히 지형과 위치 때문에
물의 높낮이 차이가 크게 일어납니다. 그래서 조력 발전을 하기에 알맞지요.
우리나라에서 전기를 만드는 발전소는 크게 두 가지 종류입니다.
하나는 주로 석탄으로 전기를 만드는 화력 발전소이고,
다른 하나는 우라늄이라는 광물로 핵분열을 일으켜
전기를 만드는 원자력 발전소입니다. 그런데 두 발전소에 필요한 석탄과
우라늄 대부분은 해외에서 큰 배에 실어 가져옵니다.
그러고 보니 우리나라의 바다는 편리한 전기를 만드는 데
매우 중요한 역할을 하는 셈이네요.

**시화호 조력 발전소**

## 글 최재희

서울 휘문고등학교 지리 교사입니다. 좋은 글을 쓰는 데 관심이 많습니다. 지은 책으로 《스포츠로 만나는 지리》, 《복잡한 세계를 읽는 지리 사고력 수업》, 《바다거북은 어디로 가야 할까?》, 《이야기 한국지리》, 《이야기 세계지리》, 《스타벅스 지리 여행》 등이 있습니다.

## 그림 박지윤

어려서는 만화와 시와 소설을 좋아하다가 커서는 문학과 그림책을 공부했습니다. 지금은 어린이책에 그림을 그리고 그림책 짓는 일을 합니다. 《뭐든지 나라의 가나다》, 《특별 주문 케이크》, 《요구르트는 친구가 필요해》를 쓰고 그렸고, 《조선의 여전사 부낭자》, 《하나 된 나라 통일 신라》, 《아이스크림 공부책》, 《도둑맞은 김소연》 등 여러 책에 그림을 그렸습니다.

나의 첫 지리책 5 — 바다는 변신 중이야

1판 1쇄 발행일 2025년 1월 27일

**글** 최재희 | **그림** 박지윤 | **발행인** 김학원 | **편집** 이주은 | **디자인** 기하늘

**저자·독자 서비스** humanist@humanistbooks.com | **용지** 화인페이퍼 | **인쇄** 삼조인쇄 | **제본** 다인바인텍

**발행처** 휴먼어린이 | **출판등록** 제313-2006-000161호(2006년 7월 31일) | **주소** (03991) 서울시 마포구 동교로23길 76(연남동)

**전화** 02-335-4422 | **팩스** 02-334-3427 | **홈페이지** www.humanistbooks.com

**사진 출처** 시화 달전망대와 방조제 ⓒ 경기도 / 공공누리 제1유형

충청수영 해안경관 전망대 ⓒ 보령시 / 공공누리 제1유형

글 ⓒ 최재희, 2025   그림 ⓒ 박지윤, 2025

ISBN 978-89-6591-600-0 74980

ISBN 978-89-6591-592-8 74980(세트)